农产品产地初加工系列科普读物

果蔬干制技术与设施问答

朱　明　主编

中国农业科学技术出版社

图书在版编目（CIP）数据

果蔬干制技术与设施问答／朱　明主编．—北京：中国农业科学技术出版社，2016.1
ISBN 978－7－5116－2387－4

Ⅰ.①果…　Ⅱ.①朱…　Ⅲ.①果加工－干制－问题解答②蔬菜加工－干制－问题解答　Ⅳ.①TS255.3－44

中国版本图书馆 CIP 数据核字（2015）第 283691 号

责任编辑　张孝安
责任校对　贾海霞
出版发行　中国农业科学技术出版社
北京市中关村南大街 12 号　邮编：100081
电　　话　（010）82109708（编辑室）
（010）82109709（读者服务部）
传　　真　（010）82106650
网　　址　http://www.castp.cn
经 销 商　各地新华书店
印 刷 者　北京富泰印刷有限责任公司
开　　本　700mm×1 000mm　1/16
印　　张　4.75
字　　数　70 千字
版　　次　2016 年 1 月第 1 版　2016 年 1 月第 1 次印刷
定　　价　26.00 元

编 委 会

EDITORIAL BOARD

序
FOREWORD

农产品产地初加工是指通过机械、物理的方法，在产地就近对农产品进行初步加工处理，使之满足现代流通条件的过程。农产品产地初加工包括农产品的分级分选、清洗、预冷、干燥、保鲜、贮藏、包装等作业环节。发展农产品产地初加工可有效降低农产品产后损失、提高农产品附加值，是农业增效、农民增收的重要途径，是对接现代农产品流通渠道、实现农村一二三产业融合发展的关键环节，也是保障农产品质量安全的必要手段。

我国是农业大国，许多农产品的生产在世界上具有举足轻重的地位。2014 年，我国马铃薯播种面积达到 0.84 亿亩（15 亩 =1 公顷，全书同），总产量 0.96 亿吨；蔬菜的播种面积为 3.14 亿亩，总产量 7.60 亿吨，都稳居世界第一位。与此同时，我国农产品产后损失也十分严重。例如，果蔬产后损失率为 10% ~20%，远高于发达国家 5% 的水平；马铃薯产后损失达到 15% ~25%；农户玉米采后收储损失率高达 8% ~12%。农产品产后损失在很大程度上抵消了多年来广大农业科技工作者及生产者在育种、精细耕作等方面为提高总产量所付出的巨大努力。农产品产后损失率高的主要原因是产地初加工的技术和装备水平十分落后。枸杞、杏、红枣等都是我国西部地区的特色产品，农户多采用传统的自然晾晒方式，缺点是脱水慢、易侵染病害和滋生蚊蝇，损失大，产品商品性差。许多农户的甘薯还采用简易沟藏，通风不良，腐烂率高。随着“全国优势农产

品区域布局规划”的不断实施以及种养大户、家庭农场、专业合作社、涉农龙头企业等新兴产业主体的健康发展，加快建设农产品产后初加工设施已成为当前一项紧迫的任务。

发达国家十分重视农产品产后初加工。美国的农场主普遍都建设了谷物烘储设施，可将玉米、稻谷的含水率迅速降到安全水分后再储存和销售。韩国政府支持建设了大量的农产品加工中心（APC）和稻谷加工中心（RPC）。农产品加工中心的主要功能是进行鲜活农产品分级分选、包装、贮藏、拍卖、运输、信息发布等。稻谷加工中心（RPC）主要进行稻米烘干、贮藏、糙米加工等初加工，有的进一步发展精米加工。通过产地初加工，可全面提升农产品形象、品牌价值和附加值，保护了农民的利益。

目前，我国现代农业发展已进入关键阶段，在农业资源约束加剧、农村劳动力结构变化和自然灾害频发的条件下，大力发展农产品产地初加工对于保障重要农产品的有效供给、帮助农民持续增收具有十分重要的意义。农产品产地初加工系列科普读物采用问答的方式，系统讲述了马铃薯贮藏、果蔬保鲜贮藏、果蔬干制等初加工技术和设施，文字简练、图文并茂，通俗易懂，符合当前的产业需求，也符合老百姓阅读习惯。介绍的各种技术和设施建设周期短、见效快、经济适用，能切实解决农产品产后损失严重、品质降低、产品增值低等问题。现将《农产品产地初加工系列科普读物》推荐给农产品加工管理部门和广大农户，相信对提高我国农产品产地初加工整体水平、促进农民增收致富大有裨益。

中国工程院院士 罗锡文

2015 年 10 月

前 言
PREFACE

果蔬干制在我国有着悠久的历史，早在1500多年前北魏时期贾思勰编写的《齐民要术》中就有关于菠菜干制的记载。中国著名土特产如葡萄干、红枣、柿饼、干辣椒、金针菜、玉兰片、萝卜干、梅干菜、香蕈等都是晒干或阴干制成。

收获后的新鲜蔬菜水果含水量高（一般在70%～90%），产后呼吸代谢旺盛，如不妥善贮藏或及时干制，极易腐烂变质。据调查，中国水果产后的平均损失率为15%～20%，蔬菜产后平均损失率为25%～30%，远高于联合国粮农组织（FAO）5%的水平。果蔬干制能降低果蔬中的水分、延长市场供给期、调节产销高峰，并且有助于改善产品品质、保持果蔬中原有的营养成分，干制果蔬重量轻、容积小，可节省包装、储藏和运输费用，且便于携带和储运，是目前果蔬产后重要的加工方式。发展果蔬干制设施、提高产后技术水平，对农产品产后减损、增效、保障品质安全，有着重要的意义。

我国果蔬干制长期以来一直沿用传统的生产方式，工艺简单、设备较陈旧，且新产品少、产品品质不高。随着物质的极大丰富、生活水平的提高和国际贸易的加强，国内对干制农产品的颜色、品质、口感、风味和安全性等要求日益增高，国际贸易中对干香菇、枸杞等干制果蔬虽需求旺盛但品质要求十分严格，因此亟需提高我国干制果蔬生产的技术水平。

针对上述问题，编者组织有关工程技术人员，密切联系果蔬干制生产实际，结合目前国内外果蔬干制的技术，按照内容实用、文字易懂、图文并茂、科普性强的原则，以问答的方式，向读者介绍果蔬干制基本情况、干制前生理特性、常用干燥技术及设施设备等内容，并列举红枣、杏、辣椒等果品蔬菜的干燥设施和配套技术实例，有助于读者了解果蔬干制的基本原理和技术，了解常用干燥设施的建设和应用，适合广大果蔬种植农户和专业合作社人员参考。

本书共分4篇，由朱　明、程勤阳、刘　清、高振江、刘相东、李笑光、娄　正、邵　广、沈　瑾、师建芳、史少然、谢奇珍、杨　琴和赵玉强等人编写。

本书内容涉及果蔬干制原理、设施、技术等方面的知识，实用性强，易于操作。由于编者水平有限，书中难免出现疏漏和不妥之处，敬请读者批评指正！

编　者

2015年10月

目 录
CONTENTS

第一篇 入门篇

一、果蔬干制基本情况

1. 什么是果蔬干制？

“干制”，也称为“干燥”或“脱水”。

果蔬干制就是在自然条件或人工调控条件下使果蔬去除或者脱出一定的水分，使其水分活度降低到微生物难以生存和繁殖的程度，最终加工成初级商品，如干果或干菜的过程。

2. 果蔬干制的主要目的是什么？

果蔬等农产品一般在固定季节集中成熟，成熟后含水率较高，不能长期储存，如果不及时干制，极易发生腐烂变质等情况。目前我国果蔬的规模化种植产量巨大，为了减少果蔬产后的巨大损失，使果蔬可以有效的长期储藏，需要对果蔬进行干制。此外，果蔬等

农产品在成熟期大批量集中上市，价格低廉，产品竞争力较弱。为了消化季节性剩余，提高产品的附加值，提高农民收入，也需要对果蔬进行干制。

3. 果蔬干制有哪些作用?

果蔬干制主要有以下作用:

（1）便于贮藏运输。通过干制减少果蔬中的水分，降低果蔬产品的水分活度，抑制所含酶的活性，使微生物难以存活，使产品不易腐烂。进而延长其市场供给期。果蔬干制同时大幅度减轻重量，减小体积，便于携带和储运，节省包装、储藏和运输费用。

（2）改善产品品质。通过干制可以促使尚未完全成熟的原料在干燥过程中进一步成熟。例如，红枣干燥加工中会发生糖分转化，可以增加其甜度；香菇干燥过程中，鸟苷酸盐等物质会在65℃以上时挥发，可以增加其香味。

（3）保证食品安全。有些生鲜蔬菜含有对人体有害的成分，人们无法食用或只能少量食用，通过干制加工可以有效去除其中的有害成分，消费者可以放心食用。

4. 我国最早什么时候开始果蔬干制?

果蔬干制是一种具有悠久历史的加工储存方法。1500多年前北魏时期贾思勰的《齐民要术》中就有关于菠菜干制的记载；明代李时珍的《本草纲目》中则提到了采用晒干方法制作桃干的方法；《群芳谱》一书中记有先烘枣而后密封储藏的方法；元代的《农桑辑要》中有“将菠菜滚汤内拌熟、晒干，遇园枯时温水浸软，调食甚良”的说法。

5. 我国传统的果蔬干制方法是什么?

自然干制为我国古代长期广泛采用的干制法。主要有晒干和阴干（风干）。我国著名土特产如葡萄干、红枣、柿饼、干辣椒、金针菜、玉兰片、萝卜干、梅干菜和香蕈等都是晒干或阴干制成。

为了在异常的气候条件下仍能及时干制，以免果蔬腐败变质，在不断实践中人们也摸索出使用人工加热的干制方法。民间的烘、炒、焙等干制方法正是这样逐渐形成的，不过一般处理量较小。

6. 我国不同地区主要有哪些传统的干果干菜?

我国很多地方都有制作和食用干果干菜的传统。

（1）西北地区常常通过干制保存一些果蔬。新疆维吾尔自治区、陕西省、山西省等地区常常通过干燥制作各种美食，用以佐餐或日常食用，如葡萄干、红枣、柿饼和干辣椒等。驰名中外的大同黄花菜，又叫金针，古名萱草，是多年生宿根草本植物，于含苞未放时采回，蒸熟晒干，便成黄花干菜，作为配菜与肉相炒，或制汤起味，鲜美香浓。很多北方地区春季采摘香椿叶腌渍成干菜，四季食用，也别有风味。

（2）东北地区幅员广袤，冬季鲜菜匮乏，因此有晒干菜的习俗。东北农家一般是在夏末秋初便开始晾晒干菜，而用来晾晒干菜的蔬菜品种很多，主要有豆角丝、萝卜片、土豆片、角瓜条、倭瓜条、茄子条、黄瓜片、冬瓜片、白菜和青椒片等。这些自制干菜吃起来，味道干香浓郁，口感筋道脆爽。

（3）南方的干菜常采用干制、蒸制和腌制等方法共同制成。绍兴乌干菜油光乌黑，香味醇厚，耐贮藏。可分为白菜干、油菜干和

芥菜干 3 种。采用菜芯多、梗叶细长、鲜嫩的芥菜晒制成的干菜，越蒸越乌，越蒸越软，越蒸越香。

（4）华北地区的果脯。果脯是用新鲜水果经过去皮、取核、糖水煮制、浸泡、烘干和整理包装等主要工序制成的食品。其鲜亮透明，表面干燥，稍有黏性，一般含水量在 20% 以下。果脯种类繁多，著名传统产品有苹果脯、酸角脯、杏脯、梨脯、桃脯、太平果脯、青梅、山楂片和果丹皮等。

7. 常见的干制果蔬产品有哪些?

（1）常见的干制果品。红枣（图 1－1a）、枸杞（图 1－1b）、杏干（图 1－1c）、开心果（图 1－1d）、葡萄干（图 1－1e）、核桃（图 1－1f）、芒果、无花果、花生和桂圆等。

a.红枣　b.枸杞　c.杏干
d.开心果　e.葡萄干　f.核桃

图 1－1　干制的部分果品

（2）常见的干制蔬菜及特色农产品。豇豆（图 1－2a）、黄花菜（图 1－2b）、木耳（图 1－2c）、花椒、香菇（图 1－2d）、辣椒、黑银耳、茶树菇、苦瓜、萝卜、山药、菊花（图 1－2e）、槟榔（图 1－2f）、百合和玫瑰花等。

a.豇豆　b.黄花菜　c.木耳

d.香菇　e.菊花　f.槟郎

图 1－2　干制的部分蔬菜及特色农产品

8. 哪些新鲜的果蔬对人体有害，应干制后方可食用？

某些果蔬鲜品，含有一定对人体不利的有毒或有害物质，一般需要干制后再上市销售。

新鲜黄花菜含有本身无毒的秋水仙碱，但经胃肠道吸收会氧化形成毒性很强的二秋水仙碱，食用后会出现嗓子发干、烧心、干渴、腹痛、腹泻等症状。由于秋水仙碱是水溶性的，在鲜黄花菜蒸煮及干制过程中已被破坏，且食用黄花菜干品时必然要经过清水浸泡复水，已无中毒之虞。

新鲜木耳含有卟啉类光感物质，生吃可能会引起日光性皮炎，严重者出现皮肤瘙痒、水肿和疼痛等严重症状。

9. 不同果蔬的水分含量一般是多少?

新鲜果蔬内含有大量水分（图 1 –3）。一般新鲜果品含水量为 70% ~90%；新鲜蔬菜含水量为 75% ~95%，根类、叶类、花类等不同蔬菜的水分含量有一定差距；新鲜的食用菌含水量为 73% ~95%。

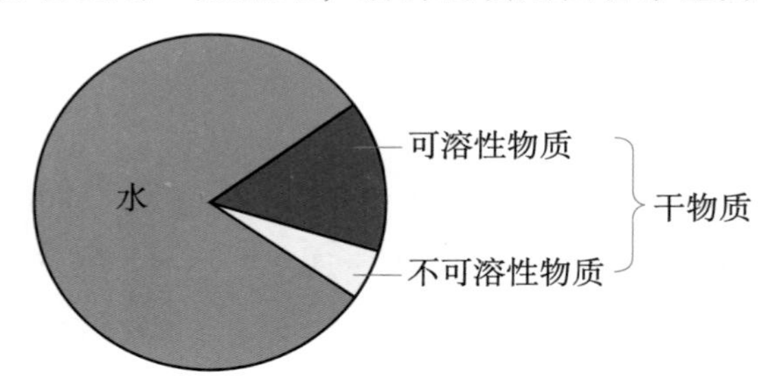

图 1 –3　果蔬成分构成图

10. 新鲜果蔬中的水分状态是怎样的?

果蔬中的水分以游离水或者结合水的形式存在。游离水是以游离状态存在于细胞组织中的水分，游离水具有水的全部性质，能作为溶剂溶解很多物质如糖、酸等。游离水流动性大，能借助毛细管和渗透作用向外或向内移动，所以干制时容易蒸发排除。结合水是被亲水胶体（主要是蛋白质、糖类及磷脂等）紧紧吸引而不能自由流动的水，不具溶剂性质，不容易被微生物和酶活动所利用。与游离水相比，结合水稳定且难以蒸发，在游离水没有大量蒸发前，结合水不易被蒸发（图 1 –4）。

干制的过程主要是去掉游离水和部分结合水，结合水与干物质有较强的结合力，去除这种水的热耗量比去掉游离水的热耗量要大得多，一般要耗费 4 200 ~6 300 千焦/千克水，而游离水只有 2 436 千焦/千克水。

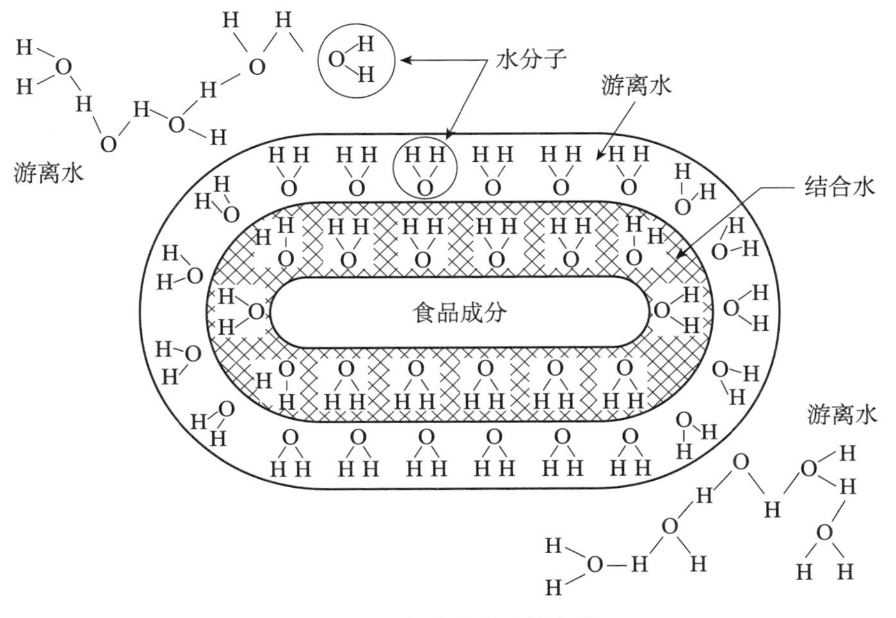

图 1－4　果蔬中水分的构成

11. 果蔬在干燥过程中会发生哪些性状变化?

由于果蔬的含水率较高，如不及时干燥极易腐烂。果蔬在干燥过程中主要有质量、体积、形状、营养成分和色泽等方面的生理变化。一些果品蔬菜干燥后主要变化如图 1－5 所示。

图 1－5　果蔬干燥前后对比图

二、果蔬生理特性

1. 果蔬采后还有哪些生命活动?

果蔬采收以后，光合作用已经停止，但采收后的果蔬仍是一个生命有机体，在采后一段时间内仍具有呼吸作用和蒸腾作用。呼吸作用可分为有氧呼吸和无氧呼吸，会影响果蔬采后的品质、成熟度、耐贮性和加工特性，进而影响果蔬干制产品的品质。蒸腾作用对果蔬干制产品的品质也有影响。

2. 什么是果蔬采后的有氧呼吸?

有氧呼吸是细胞在氧气参与的情况下，把自身复杂的有机物质氧化分解，放出二氧化碳并形成水、同时释放能量的过程。有氧呼吸中被氧化的主要有碳水化合物、有机酸、蛋白质、脂肪等，其中最主要的是碳水化合物（图 1 –6）。

图 1 –6　有氧呼吸示意图

3. 有氧呼吸对果蔬干制有什么影响?

有氧呼吸过程中，随着碳水化合物的不断分解，在一定时间范围内可能造成干制产品葡萄糖、果糖等低分子糖类增多，干制产品甜度会增加。但过度的有氧呼吸，一方面会造成果蔬干制产品营养含量降低，同时也会改变果蔬干制产品的风味。

4. 无氧呼吸对果蔬干制有什么影响？

无氧呼吸一般指无氧条件下，通过酶的催化作用，植物细胞把糖类等有机物分解成为不彻底的氧化产物，同时释放出少量能量的过程。无氧呼吸会产生乙醇、乳酸、乙醛等物质，会显著降低果蔬干制产品的营养含量。同时，其产生的乙醇、乳酸、乙醛也会明显改变果蔬干制产品的风味。

5. 果蔬损伤对干制产品品质有什么影响？

新鲜果蔬在采收及预处理过程中受到损伤后，组织内部酶与底物区域化结构被破坏，引起组织内各种生理生化反应，导致组织褐变、细胞膜破坏、细胞壁分解及异味的产生，产品呼吸作用增强，成为愈伤呼吸。愈伤呼吸会导致新鲜果蔬的衰老与腐败，显著降低果蔬干制产品的营养含量，特别是多酚类营养物质，同时影响到干制果蔬产品的复水性、色泽和风味等品质。

建议在果蔬干制之前，尽量减少因采收、分级、包装、运输和暂存过程导致的机械损伤和人工损伤，如挤压、破皮和碰撞等。

6. 蒸腾作用对果蔬干制有什么影响？

蒸腾作用可以使果蔬持续蒸发水分，减少果蔬干制过程中所需的能量，也会降低果蔬干制产品的品质。过分失水会影响果蔬的口感、色泽和风味，例如萝卜过分失水会导致内部“糠心”现象，同

时降低干制果蔬产品的复水性。

三、果蔬常用干燥技术与设施

1. 果蔬干燥主要有哪些方式?

果蔬干燥主要有单一干燥和联合干燥两种方式。

2. 什么是单一干燥?

单一干燥指根据物料的特性，以单一热源、方式或设备为主的干燥方式。

3. 什么是联合干燥?

联合干燥也称为组合干燥，指根据物料特性，将两种或两种以上干燥方式依据优势互补的原则，分阶段（或）同时进行的复合干燥技术，可分为串联、并联和混联 3 种形式。串联式组合干燥又称分阶段组合干燥，其特征是在不同的时间段中组合不同的干燥技术，如微波热风联合干燥；并联式组合干燥又称同阶段组合干燥，其特征是在相同的时间段中组合不同的干燥技术，如微波真空干燥；混联式组合干燥是串联和并联两种方式的混合，如热风—微波真空联合干燥。

4. 常用的果蔬干燥技术有哪些?

果蔬干燥技术主要有自然干燥、机械干燥两类。自然干燥技术主要包括日晒、阴干（风干）等，是农业传统的干燥技术。机械干燥技术主要包括热风干燥、辐射干燥、真空冷冻干燥及热泵干燥等形式。辐射干燥又分为微波干燥、红外干燥等。目前，我国在果蔬干燥中应用最广泛的技术是热风干燥，占干制果蔬总量的90%左右。

5. 自然干燥的主要特点是什么?

自然干燥是常见的果蔬干制方法，如图1－7所示。

自然干燥方法的优点是：干燥方法和设备简单，工艺简单实用，生产费用低，能在产地就地进行。

自然干燥方法的缺点是：干燥过程较缓慢，难以制成品质优良的产品；受到气候条件的限制，会因阴雨季节无法晒干而腐败变质；需要大面积的晒场和大量劳动力，劳动生产率极低；容易遭受灰尘、杂质、昆虫等污染和鸟类、啮齿类动物等侵染，既不卫生又有损耗。

图1－7 果蔬自然干燥

6. 果蔬机械干燥的加热方式有哪些？

果蔬干制加热主要包括直接热源加热和间接热源加热。直接热源加热是将热能直接加于物料，如燃煤加热、电流加热和日光照射加热等。间接热源加热是将上述直接热源的热能加于中间载热体，然后由中间载热体将热能再传给物料，如蒸汽加热、热水加热等。

7. 什么是热风干燥技术？

利用不同热源（如煤、石油、天然气、电、太阳能等）提供热量，将加热的空气通过风机吹入干燥室内形成热风，由热风将热量递给物料，使物料表面水分和内部水分受热气化为水蒸气扩散到空气中，从而使物料干燥的技术称为热风干燥。热风干燥具有操作简单易行、物料处理量大和成本低等优点。但由于干燥过程中传热和传质方向相反，存在干燥速度慢、品质较低的缺点。

8. 影响热风干燥的主要因素有哪些？

干燥介质热风和果蔬物料的情况是影响热风干燥的主要因素。对热风而言，影响的因素主要是热风的温度、流动速度和相对湿度（图 1－8）；对果蔬物料而言，影响的因素主要是原料的特性、干燥前预处理情况和装载量。

图 1－8　影响热风干燥的主要因素

9. 常用的热风干燥设施设备有哪些?

果蔬干燥中常用的热风干燥设施设备主要有热风烘房、多功能烘干窑、带式干燥设备、箱式干燥设备、转筒干燥设备、太阳能干燥设施等。

（1）热风烘房。该设施全称为分批静止式热风循环烘房，俗称“热风烘房”，是果蔬产地最为常见的一种干燥设施。一侧为热风加热室，另一侧为烘干室。物料静置在料车上的多层料盘中，推入烘干室进行烘干。通过加热室加热的热空气输送到烘干室，对料车上的物料进行烘干，降温除湿后又吸入加热室再次加热，循环直至果蔬原料烘干结束。干燥过程中可自动控制热风温度、排湿并补充空气，具有投资少、成本低、操作简单、维修方便、经济效益好等特点。

（2）多功能烘干窑。多功能烘干窑属隧道式干燥设备，采用较长通道式的干燥室进行干燥作业。干燥室可容纳多个干燥料车，采用间歇连续入料的形式进行干燥。热风由设置在干燥室房体外的热风炉加热后从干燥室的一端或两端通过风机送入干燥室内对物料进行干燥，料车从一端进入干燥室后从另一端取出。多功能烘干窑生产能力大，较适合于大型合作社及工厂规模生产使用。

（3）带式干燥设备。该设备是将物料置于一层或多层连续运行的输送网带上，然后用热风炉加热的高温热风穿透网带和物料来实现连续式的干燥（图 1 -9）。设备干燥能力大、干燥较均匀、机械化程度较高。但设备造价较高，且不适宜小颗粒、易碎以及含糖高易粘连的物料干燥。

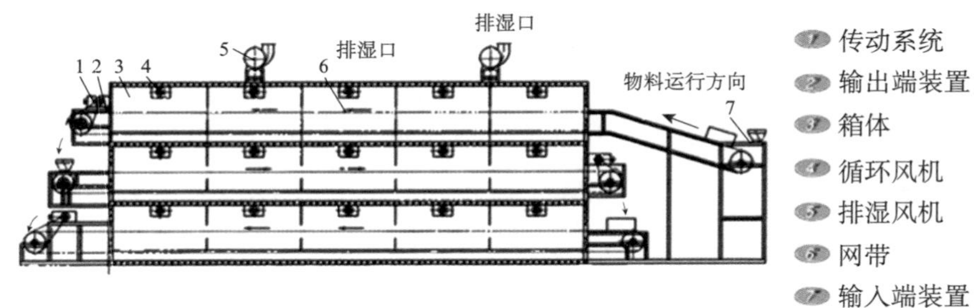

图 1－9　带式干燥设备

（4）箱式干燥设备。箱式干燥设备是一种外壁绝热、外形像箱子的干燥设备（图1－10），由加热器、循环风机、盛料盘、支架、箱体等组成，箱体上开有进气口和排气口。工作时由风机产生循环流动的空气流，空气流经加热器时被加热到设定温度，热空气在经过物料表面时进行干燥。

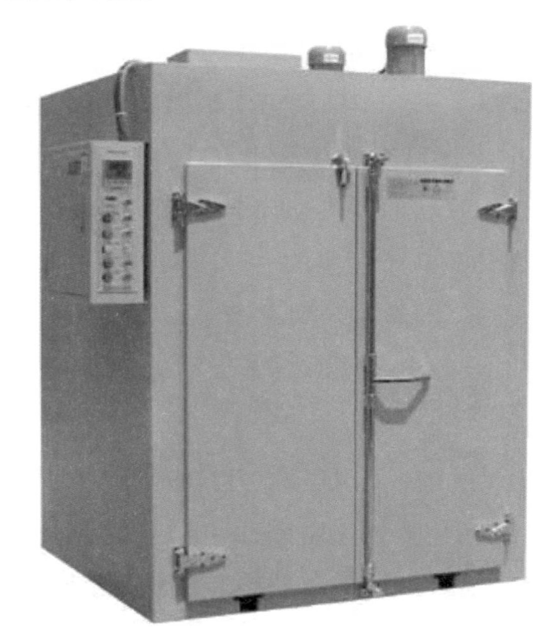

图 1－10　箱式干燥设备

（5）转筒干燥设备。该设备的主体是略带倾斜并能回转的圆筒，物料经过圆筒内部时与通过筒内的热风或加热壁面进行有效的接触而被干燥（图 1－11）。设备具有生产能力大、可连续操作、结构简单、操作方便等特点。

图 1－11　转筒干燥设备

（6）太阳能干燥设施。太阳能干燥设施主要是通过太阳能集热器加热空气然后对物料进行干燥。由于受到天气变化的影响，太阳能干燥需要配置辅助热源（如煤、电等）。太阳能干燥与传统自然晾晒相比，可以有效提高干燥温度，还可以解决卫生、污染等问题，具有绿色环保的特色。缺点是干燥能力相对较低，需要配备辅助热源等。

太阳能干燥设备主要由太阳能集热系统、烘干系统、辅助加温系统和自动控制系统等组成（图 1－12）。太阳能集热系统进行光热转化，将阳光及其辐射能转换为热能加热空气，并通过循环风机送入干燥室；烘干系统是由保温车板组装而成的热风干燥室，内有移动料车和托盘，设有匀风系统，是实现湿物料干燥的场所；辅助加热系统可采用电加热或热泵加温，在夜间或阴雨天使用，避免干燥物质腐烂和污染产品；自动控制系统按设定的烘干工艺参数自动控

制烘干过程中的热风温度和及时排湿。

图 1－12　太阳能干燥设备

10. 什么是微波干燥？

该技术利用微波（波长在 1～1 000 毫米的电磁波）为热源加热物料，使物料中的极性水分子在快速变化的高频电磁场作用下，极性取向随外电场的变化而变化，造成分子的运动和相互摩擦，将微波的能量转化为物料内部的热能，使物料温度升高，产生热化和膨化一系列过程，从而使物料快速脱水干燥。微波干燥具有干燥速度快、反应灵敏、热效率高等优点。但微波对人体有一定伤害，需防止微波泄漏。

微波干燥设备可设计成隧道式样，物料在传输带上连续运转，也可采用箱式结构，利用微波进行干燥（图 1－13）。适用于小尺寸、扁平状、条状物料的干燥或热处理。

图 1－13　微波干燥设备

11. 什么是红外干燥?

该技术利用红外线（波长在 0.75 ~ 1 000 微米的电磁波）为热源加热物料，红外线波长与被干燥物料中分子运动的固有振动波长相匹配时，引起物料内部分子的强烈共振，并在物料内部产生激烈摩擦生热，使物料升温蒸发水分从而达到干燥。红外干燥具有干燥速度快、干燥品质好、适合于颗粒状物料干燥的优点。但红外干燥不适于结构复杂物料，容易受热不匀。红外干燥设备可设计成传输带式（图 1 – 14），能进行连续干燥作业，自动程度高，较适合于工厂化生产。

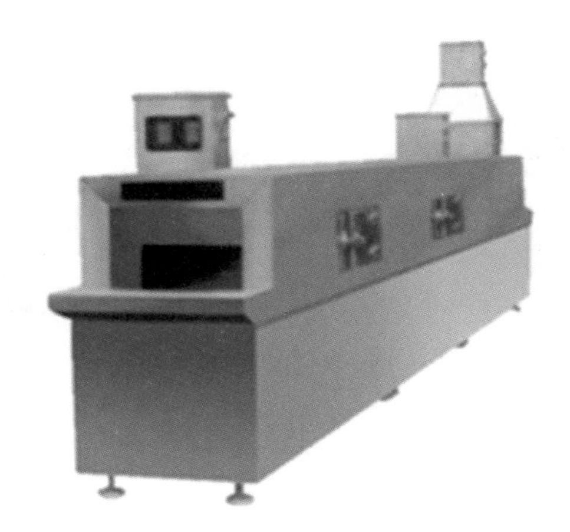

图 1 – 14　红外干燥设备

12. 什么是真空冷冻干燥?

该技术利用升华原理，将物料急速冻结到冰点以下，使水分冻结成冰晶状态，并在真空状态下使物料内部的冰晶不经过融化而直接以固态升华为水蒸气的状态除去，从而使物料干燥。冷冻真空干燥技术过程中物料的营养物质不容易被破坏，能有效减少营养成分

和风味的损失，干燥后的物料品质好，特别适用于热敏性物料。但存在干燥能力低、能耗大等缺点。

真空冷冻干燥设备主要包括制冷系统、真空系统、加热系统及排湿系统等部分（图 1 – 15）。物料放入设备后，一方面真空系统抽真空把一部分水分带走，另一方面是制冷系统将物料冷冻时把某些分子中所含水分排到物料的表面冻结，达到冷冻要求后，由加热系统对物料加热干燥，通过排湿系统把物料中所含的水分排出。

图 1 – 15　冷冻真空干燥设备

13. 什么是热泵干燥?

该技术从周围环境中吸取热量，将一定量的低温热能通过热泵系统转化为较高温度的热能用来蒸发物料水分，从而使物料干燥，其原理与制冷机类似，所不同的是一个制热，一个是制冷。热泵干燥具有节能、产品品质好、物料适用性广等优点。但热泵干燥有适宜的环境温度工况区间，比较适合于高温高湿地区使用，气温比较低时使用需要增加辅助热源。

热泵干燥设备主要包括烘干室、热泵主机、通风排湿系统和自控系统等部分（图1－16）。烘干室采用聚氨酯保温材料建造，内置移动料车和料盘；热泵主机通过冷凝器和蒸发器对烘干室内的空气进行循环除湿和加热，充分利用循环空气中的焓值，空气在烘干室与热泵主机间进行闭式循环；通风排湿系统可实现热风循环，将水蒸气冷凝排出烘干室，实现内部循环控温控湿干燥；自控系统可设定烘干工艺，自动控制烘干过程的升温、控温和控湿等操作。

图1－16　热泵干燥设备

第二篇

设 施 篇

一、普通烘房

1. 什么是普通烘房?

普通烘房是以辐射、传导与对流排湿相结合的方式进行干燥的设施。可就地取材建设，造价低、工艺粗放、生产成本低、对物料的适应性强，无电力供应地区也可以使用。普通烘房一般没有电控系统，以人工控制为主，目前其应用在逐渐减少。

2. 普通烘房主要由哪几部分组成?

普通烘房主体结构一般为砖混结构，由烘干室、升温系统和排湿系统组成（图 2 – 1），操作方式为人工控制，批次作业。主要适用于果品的烘干。

烘干室由四周墙体、屋面、保温门构成，内置固定烘架（或移

动料车）和烘盘；升温系统由 1 个烧火坑、2 个炉膛、2 条主火道、2 条墙火道（四周烟道）和 1 个烟囱等单元构成，可为烘干室提供热量；排湿系统由位于侧墙下方的进气孔和屋顶的排湿口构成，可适时排出烘干室湿气。为减少热损失，烘干室外墙宜增加保温层。

1.供热系统　2.墙体　3.烟囱　4.排湿系统　5.加热室及烘架　6.墙火道

图 2－1　普通烘房示意图

3. 普通烘房设施选址应注意什么?

建造普通烘房选址应注意的事项有以下 3 个方面。

（1）宜选择土质夯实、空旷通风、离产地较近的地方。

（2）烘房周围应留出足够空间，以便于物料进出和人员操作。

（3）烘房的方位应根据当地干制时期的主风向而定，其长度方向要与当地烘干季节的主风向垂直或基本垂直，一方面便于通风排湿，另一方面还可以避免作业期间风向对炉火燃烧的干扰。

4. 普通烘房施工所需的主要建筑材料有哪些?

普通烘房所需主要建筑材料，包括普通砖、水泥、沙子、水泥预制盖板、耐火砖和炉条等。并根据建设烘房的大小准备不同的料量。

5. 怎样进行普通烘房的生产前调试?

（1）烘炉。先用锯末微火烘干 6～8 小时以上，再用木柴或煤（炉箅上放少量煤）小火烘干 10～12 小时，然后再加煤用中火到大火烘干 6 小时以上。一定要按照烘炉程序操作，严禁大火直接烘干，避免炉体耐火层爆裂、剥落等情况。

（2）升温。先关闭进气孔和排湿口；打开辅助烟囱的插板，再点火；待炉膛内火势稳定后打开主烟囱闸板开关，关闭辅助烟囱的闸板开关；然后加煤加大炉膛火力，使烘房内的温度逐步提高到工艺设定值。

（3）降温。在降温时，首先停止向炉膛内添煤，然后视降温的程度，从小到大逐步打开排湿口和进气孔，至烘房内的温度逐步降至工艺要求值。需急速降温时，关闭灰门和加煤口以减少进入炉膛的空气量，再将两侧冷风进口和排湿口打开，待烘房内的温度迅速降低至设定值后停止降温作业。

（4）排湿。烘房内的物料在加热一段时间后，由于烘房内的空气湿度加大，根据工艺要求需要排湿。排湿时应逐步打开位于烘房顶部的排湿口和两侧的进气孔，引入新鲜空气，排出湿热空气，至达到工艺要求湿度为止。

6. 使用普通烘房注意事项有哪些?

（1）普通烘房在收获期前半个月建成，则在收获期可直接用于烘干，否则建成后需将烘房用小火烘烤，直至将房体内部全部烤干才可使用。

（2）日常生产中应经常检查主火道及墙火道是否有裂缝、漏烟

和炮火，随时进行处理以确保安全；检查主火道火坑面上是否掉落物料和易燃碎屑物，杜绝一切不安全因素。

（3）生产期结束后，应注意熄火，并将烘干室进行清洁，同时将排湿口、检查口和门等封闭，以防止雨水进入。

二、热风烘房

1. 热风烘房主要由哪几部分组成？

热风烘房属于批式热风循环烘干设施，由供热系统、通风排湿系统、自控系统、物料室和加热室等组成。供热系统提供洁净热风；通风排湿系统使热风循环，并按工艺要求排出物料室湿气，同时补充新鲜气体；自控系统可通过设定烘干工艺，自动控制烘干过程的升温、降温和排湿等操作；物料室与加热室可采用砖混结构或保温彩钢板拼装结构，物料室内是移动料车和烘盘（图2－2）。

1.供热系统　2.通风排湿系统　3.自控系统　4.物料室　5.加热室

图2－2　热风烘房示意图

2. 热风烘房常用热源有哪些？

热风烘房最常用的热源一般采用燃煤。随着国家对环境保护的日益重视，大气污染治理力度不断加大，有些地区燃煤加热式热风烘房的使用受限，开始出现以电为热源的电加热式、热泵加热式以及以太阳能为热源的热风烘房。

3. 常用燃煤热风烘房的处理能力及基本配置是怎么样的？

目前，热风烘房主要有装载量为 1 吨、2 吨和 3 吨（以红枣为例）的规模，单层有效干燥面积分别大于 10 平方米、18 平方米和 25 平方米，所需燃煤热风炉分别为 5 万大卡、10 万大卡和 15 万大卡，平均每小时耗煤量分别为 8 千克、16 千克和 24 千克，每小时风机风量分别大于或等于 12 000 立方米、15 000 立方米和 22 000 立方米。

4. 燃煤热风烘房设施选址应注意什么？

建造热风烘房时，选址应注意以下事项。

（1）烘房建在室外时，需按当地冻土层深度考虑基础埋深，并选择土质夯实、地面平整、空旷通风、干净卫生的地方，并有满足烘房运行的充足电力供应。

（2）烘房周围应留出足够的空间，便于料车进出和工作人员的操作。应注意屋面的密封、防水，进出料一侧应设置防雨棚。

（3）烘房距离原料产地要尽可能近，以利于产品的运输管理。

（4）热风烘房的方位应根据当地季节风的主方向而定，热源处于下风向，以免飘散的烟气对物料造成污染。

5. 砖混结构热风烘房包括哪些土建工程内容?

建造砖混结构热风烘房时，土建工程主要内容包括墙体、屋面、外墙面、勒脚、散水、坡道、地面、踢脚、内墙面、顶棚、保温门等方面。

砖混结构热风烘房的建设过程应在具有施工经验的技术人员指导下进行。在施工中要注意关键部位如墙体垂直、密封、保温、防水等问题。

6. 供热设备安装过程中的注意事项有哪些?

（1）确保炉底水平。炉体就位后，确保墙表面与炉体外壁的间隙符合图纸要求；正确放置炉栅，使炉条较宽的平面置于上面，窄面在下；炉体加煤口和清灰口与墙的位置结合处密封不漏气；鼓风管与墙结合处牢固并密封。

（2）循环风机的安装。安装前认真检查循环风机在运输过程中是否损坏。按照图纸位置，将循环风机安装在加热室内的循环风机预留洞上，调整好位置，固定牢固。电源线用线卡固定，以免损坏造成短路。

（3）鼓风机的安装。将鼓风机出风口与炉体补风管插接，接口用胶条密封，根据鼓风机对接管高度设置鼓风机底座。

（4）控制仪表的安装。控制仪表安装在物料室侧墙上，距地面高约 1.8 米处（双目可平视显示屏高度较佳）。控制仪表面板如图 2－3 所示。

（5）冷风进风门的安装。安装前应认真检查冷风进风门在运输过程中是否损坏；将其安装在冷风进风门预留口上，风叶向内；调

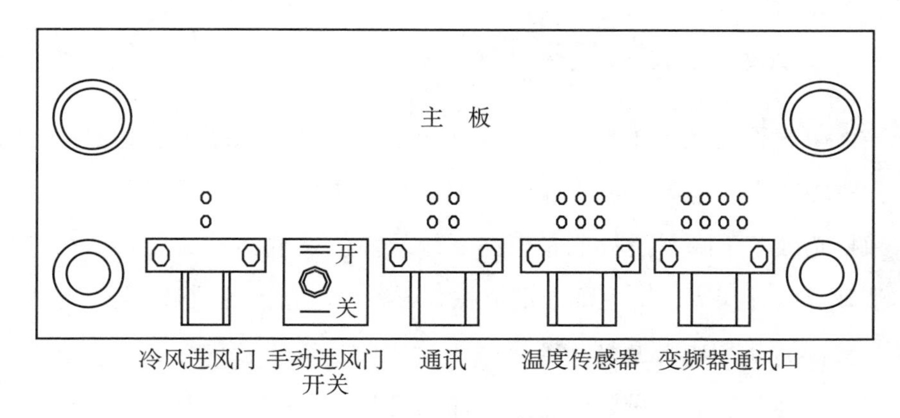

图2－3　控制仪表表盘

整位置，转动叶片，看是否运转正常；应将电源线用线卡固定，以免损坏造成短路。

7. 燃煤热风烘房的优点有哪些？

（1）热效率高。烘房内热空气循环利用，减少了常规热风干燥中尾气直接排放的热量损失，热效率大大提高。

（2）烧火简单。炉膛空间大，单次加煤量大，无需少添勤添，烧火操作简单方便。

（3）智能化程度高，操作简单。针对某种物料，设定工艺参数后，即可实现温湿度的自动调控，实现智能化操作。

（4）烘后产品品质好，水分均匀度高。采用了高效风机，风速大小适宜，分风均匀，耗电量低；根据烘干需要，风机还能正反转运行，实现了换向通风作业，减少了料车上下位置物料的水分梯度，干燥较均匀。

（5）适应性广。适合多种果蔬农产品烘干，如红枣、辣椒、食用菌等。

8. 如何排除燃煤式热风烘房常见的故障?

（1）温度指示不准。造成温度指示不准确的原因可能是温度计探头被灰尘等包裹，也可能是长期使用后烟囱和烟道积灰严重，导致换热效率下降，还可能是电路系统故障。发现问题后要根据情况清理温度计探头、清理烟囱烟道积灰或解决电路系统故障。

（2）烘房内部漏烟。若果蔬烘后表面挂灰或有异味，应检查烘房内部是否漏烟。漏烟可能是炉体因管护不到位导致开裂，一部分烟气没有从烟囱排出而进入加热室，随后在风机的带动下吹到原料表面。发现漏烟要及时找出漏烟的地方进行密封。

（3）湿度显示异常。检查湿球温度计盛水瓶中的水量，如蒸发过量，必须及时加水。

（4）停电或停风。烘干中若出现停电或电机损坏停风事故，必须立即启用备用电源供电或更换电机。与此同时要立即压火，完全打开补风门和检修门，以免顶棚过热烫伤物料及损伤风机。备用电源启动后，应待电压稳定时方可合闸送电，同时观察风机运转方向是否正确。

9. 如何正确操作热风烘房?

（1）首次烘干操作。首次烘干时，可先装入少量的物料，逐步熟悉热风烘房的操作规程或在技术人员的指导下进行操作。

（2）开关机操作。检查电源和各执行部件正常后打开主机箱，分别合上控制器电源开关和循环风机电源开关。开机时，先开控制器开关，再开循环风机开关；关机时，先关循环风机开关，再关控制器开关。当进入缺相或过载故障保护时，务必先关闭循环风机电源，再关闭控制器电源，排除故障后重新上电。

（3）运行停止操作。按一次“运行/停止”键，进入运行状态，指示灯亮，所有执行器正常运行，系统进入正常烘干状态。在运行状态下，按住“运行/停止”键3秒进入停止状态，指示灯熄灭，除了循环风机正常运行外，其他所有执行器进入停止状态。具体设置及操作，可参看随机附带的说明书。

10. 风机使用注意事项有哪些?

（1）切勿将手或异物插入运转的循环风机中。

（2）在使用过程中，如发现异常噪音、冒烟和风叶不转等情况，应立即切断循环风机供电，请相关人员检查，务必注意安全。

11. 温湿度控制仪使用注意事项有哪些?

每次烘干之前，检查接线插座是否连接可靠，切勿使输出短路，否则会烧坏可控硅、继电器及电路板等电器元件。检查任何带电设备之前，必须断开温湿度控制仪电源。烘干之前，务必正确安装控制仪备用电池，并接通电池电源。不可以新旧电池搭配使用。每次烘干结束，务必把温湿度控制仪切换到非运行状态并关闭电池。每次烘干季节结束，必须把温湿度控制仪放置在防潮环境下，取出备用电池。

12. 日常怎样维护和管理燃煤热风烘房?

（1）供热系统维护。供热炉的耐火砖发生破碎、脱落时，应及时更换；在烧火过程中，若发现风量不足或风压低时，应立即检查并排除鼓风机出口与钢管脱开、松动等故障；用火钩从炉栅下掏渣时，若发现炉栅上的灰渣不易落下，请检查炉栅是否装反并及时进

行纠正。

在干燥过程中，若在正常鼓风且正常加煤情况下，出现烟囱排烟不畅、炉门倒烟、升温速度明显降低等情况，则说明换热器管壁和横向烟囱内积灰较多或已有堵塞情况，应及时清除积灰，使之恢复正常运行。

（2）循环风机维护。应经常检查循环风机的运转状况是否正常，包括声音是否异常、机架螺丝是否松脱等，发现问题及时处理；为保持循环风机的整洁美观，经久耐用，应对循环风机适时进行清理，清理时应切断电源，风机叶片应停止转动；每次烘干结束，检查风机叶片是否松动，叶片与循环风机筒间隙是否正常，检查电机与机壳连接螺栓是否紧固；每年烘干结束后，将循环风机卸下清理干净，电机加润滑油并用塑料袋包好，放在干燥防潮通风的地方进行存放。

三、多功能烘干窑

1. 多功能烘干窑主要由哪几部分组成？

多功能烘干窑属隧道式烘干设施，目前多以燃煤作为热源，主要由热风炉、窑体、主副风机系统、自控系统等组成。热风炉和主副风机系统为烘房提供洁净热空气；窑体为热风干燥区，可砖砌或彩钢板拼装，内有移动料车和料盘；自控系统主要控制烘干时热风温度和自动排湿。烘干窑操作方式为电气控制、间歇连续式作业，如图 2－4 所示。

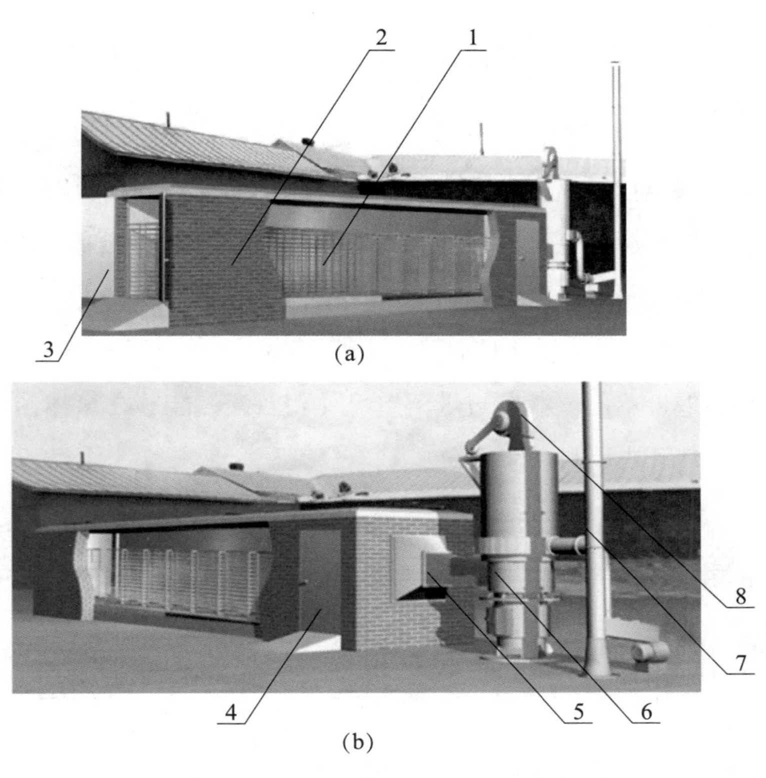

1. 料车　2. 窑体　3. 进车保温门　4. 出车保温门　5. 热风管道
6. 热源（燃煤热风炉）　7. 烟囱　8. 风机

图 2－4　多功能烘干窑

2. 常用多功能烘干窑的处理能力及基本配置是怎样的?

目前多功能烘干窑主要有装料量为 5 吨、10 吨的规模，单层有效干燥体积分别大于 14 立方米和 36 立方米，所需燃煤热风炉分别为 20 万大卡和 40 卡，平均每小时耗煤量分别为 35 千克和 60 千克，每小时风机风量分别大于或等于 15 000 立方米和 18 000 立方米。

3. 多功能烘干窑配套设备有哪些?

需要采购或制作的配套设备主要包括料车、料盘、温控系统、热风炉、保温门、风机、管道、保温材料、标准件等。料车、料盘和大门可以自制，也可以采购；其他设备均应向生产厂家采购。自制设备必须按图纸加工。

料车一般用角铁、圆钢焊制，也可采用镀锌材料或不锈钢等，不同材料造价不同。料车与烘干室尺寸相匹配，能够在窑体内平滑地移动，保证进出料操作流畅（图 2－5）。

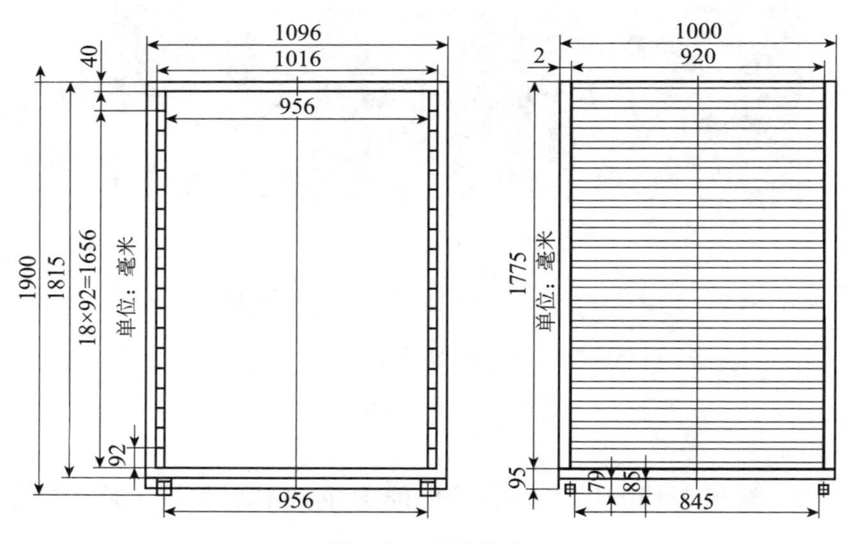

图 2－5　料车构造

料盘是指装在烘架或料车上盛放物料的器具（图 2－6）。与物料直接接触的材料以竹编盘或不锈钢为佳。料盘尺寸应与料车匹配，要求表面光滑，符合食品卫生标准。可根据市场采购情况调整料车与料盘尺寸，以达到最佳烘干效果。

图 2－6　料盘

保温门面板为 0.6 毫米彩板，内板为镀锌板或彩板。面板经特制压槽成型，内腔填充保温材料。框架、填充材料、面板经复合、加压和拉铆成型。密封条环镶在骨架周围，用压条拉铆钉固定（图 2－7）。

图 2－7　保温门

4. 多功能烘干窑配套设备的安装工作有哪些?

多功能烘干窑配套设备的安装主要包括热风炉的定位和安装、风机的定位和安装、管道的连接和安装、窑体的安装与连接、整体紧固、电控系统的安装。每个配套设备的安装都必须严格按照说明

书进行，确保质量满足要求。

5. 多功能烘干窑使用过程中的常见问题有哪些?

（1）物料料车在隧道窑的轨道上运动不畅。主要原因是有物料或其它杂物落在轨道上影响料车的运行。这时可人工检查隧道窑内的轨道表面是否有杂物存在。

（2）物料烘干不均。调整热风箱内的调风板角度，或调整副风道的进风量。检查物料装盘是否铺放均匀。检查物料体积是否相差较大。检查料车底盘处的挡风板是否脱落，如脱落应重新装上。

（3）供热系统无热风。如果调风门关闭，应打开调风门。系统如果漏风，应检验热风管道。

（4）停电及应急处理。烘干中出现临时停电或电机损坏等停风事故，可启用备用电源供电，或更换电机，与此同时要立即压火。备用电源启动后，应待电压稳定时方可合闸送电，同时观察风机运转方向。

6. 如何正确操作使用多功能烘干窑?

（1）系统开启。将装有物料的料车依次推入隧道窑中，使所形成的料车队列长度等于隧道窑的有效烘干长度。按照热风炉使用说明书的要求，给热风炉加煤、点火升温；依次开启烟囱调风门和主风机。根据要求的炉膛温度和热风温度，调节各处风门开度以及热风炉的煤层厚度、加煤速度等参数，使炉膛温度和热风温度达到要求工艺。

（2）温度的调整与控制。在烘干过程中，要随时观察各处温度表所显示的温度值，并且用控制主风道风量和加煤量的方法来调节热风温度。具体做法是：当热风温度偏高时，可加大主风机调风门的开度，或者减少加煤量；当热风温度偏低时，可减小主风机调风门的开度，或者加大加煤量。

同时，还要充分注意副风道的热风温度也不能超过正常范围。在副风道上设有配冷风装置，如果副风道中的热风温度过高，则可以增加配风装置的风门开度，用加大冷风进入量的方法来调节热风温度。反之则反向操作。

（3）出料及系统关闭。成品水分达到要求后出车。长期生产中可每次出 2～3 车，同时进 2～3 车。烘干结束后关闭系统，应按以下顺序进行操作：先停止向炉膛内加煤，随后当炉排上煤炭已经燃尽，热风温度降至 30℃以下时，关闭副风机和主风机。最后将载有物料的料车拉出烘干隧道窑。

7. 多功能烘干窑使用注意事项有哪些?

（1）系统保温。应确保管道连接之间密封严实，不漏风后再进行管道的保温。应对热风管道外用保温板或其他保温材料进行保温处理，保温厚度不得低于 5 厘米。注意保温材料衔接时不得有缝隙，且外观平整、整体美观。

（2）热风炉运行。待热风炉的热风供给达到各项指标后，炉膛应保证燃烧稳定，火床平整，没有穿冷风的空洞。烧炉宜烧烟煤，亦可烧劣质烟煤，或烟煤和无烟煤混烧，不宜烧煤屑。燃料厚度与燃料性质及炉膛负荷有关。大部分燃料在正常运转下，其燃料层厚度为 70～150 毫米，一般烟煤煤层厚度为 90～120 毫米，烟煤与劣质煤混烧时煤层厚度为 100～130 毫米。在燃烧过程中应保持煤层厚度基本不变，加煤时应少添勤添，及时平整火床，清除焦块。

8. 日常怎样维护和管理多功能烘干窑?

日常维护和管理主要包括热风炉和烘干窑两个方面。

（1）热风炉。热风炉的维护和保养的重点是经常检查炉门周围及炉膛内耐火层有无脱落，如有脱落现象应该立即停炉补修脱落处的耐火层，防止因耐火层脱落烧穿炉膛。

（2）烘干窑。烘干窑内每一个月必须清扫一次以上，防止干果干菜和干果干菜的碎末积存过多发生火灾。料车和料盘如有焊口开焊发生要及时补焊。在连续干燥作业中，应经常对运转部件注油，保持润滑，以延长设备的使用寿命。经常检查热风管、冷风管以及隧道窑内是否有泄漏，隧道窑的各个门是否开关平顺、工作可靠。经常检查轨道上是否有物料或其他物品阻碍料车运动。

第三篇

技术篇

一、果蔬采收及前处理

1. 采收期的选择对果蔬干制有什么影响?

果蔬在生长过程中，其形状、大小、色泽、风味、品质等都在不断变化。采收期的早晚不仅影响果实的产量、风味及品质，对干制也有很大影响。如果采收过早，果实未发育成熟，产量低，干制品一般风味欠佳；采收过晚，果实开始熟软化，也不利于干制。

2. 果蔬采收的主要方法有哪些?

果品采收的方法主要有人工采收、机械震落和化学采收。人工采收时一般可携带疏果剪，一手托住果实，一手用疏果剪从果柄与果实吊连接处剪断，以保持果实的完整（图 3 -1）；机械震落一般用木棍或机械震荡果树枝，在树下铺布单接果实以减少果实的破损

并节省捡拾果实的用工；化学采收可在采收前5～7天全果树均匀喷洒200毫克/升的乙烯利溶液，喷后5～6天在果树下铺上布单，摇动树干，果实即可掉落。

图3－1　人工采收

3. 果品采收时要注意什么?

果品采收要本着“轻摘、轻放、避免挤碰、摔伤和保持果实完整”的原则。一是要求采收的果实带有果柄，果与果柄间不能有机械伤，否则果柄处的伤口易染病菌导致鲜果腐烂。二是采收的果实应放在内壁铺有柔软内衬的果篮里，装箱时要轻轻倒入，减少碰伤。三是要选择合适的采收时间，如避开下雨或清晨露水未干时采摘，此时摘果易造成果柄处开裂。

4. 用于干制的核桃什么时期采收?

核桃外部青果皮由绿变黄，部分青果皮侧面开裂时青果皮易剥离，此时核桃果实的内部特征是种仁饱满、幼胚成熟、子叶变硬、风味浓香，这是用于干制核桃果实采收的最佳时期。

5. 用于干制的红枣什么时期采收?

红枣果实的成熟可分为白熟期、脆熟期和晚熟期。用于干制的红枣品种一般在晚熟期进行采收。晚熟期的特点是果皮红色变深，微皱，果肉近核处呈黄褐色，质地变软，果实已充分成熟。此期采收则出干率高、色泽浓、果肉肥厚、富有弹性、品质好。

6. 用于干制的杏什么时期采收?

一般80% ~90%成熟的鲜杏较适宜干制，100%熟的杏在烘干过程中糖析出明显，易黏结，干制后外观不佳。成熟度低的杏干燥后在色泽、口感和干品率方面都较差。

7. 用于干制的辣椒什么时期采收?

辣椒可延续结果多次采收，故采收期不固定。干制辣椒要待果实完全成熟后才采收，即表皮由皱转平，表面色泽由浅转深并光滑发亮，手感发软时采收。

8. 辣椒采收时要注意什么?

①辣椒采收时不能用力过大，以免折断枝条，并需要连果柄一起摘下；②采收时应轻拿轻放，不要挤压辣椒或损伤辣椒表皮的蜡质层；③采收宜在晴天早晨或傍晚气温较低时进行，不宜在气温高的中午或下雨天进行；④采收后将辣椒轻放入竹筐或竹篮等容器内，防止挤压。

9. 黑木耳什么时期采收合适?

无论春耳、伏耳、秋耳，都要在雨过天晴、耳片稍干后采收。如天气干旱，采收的头天傍晚，要均匀的喷水，次日晨露水干后采收，这样木耳不易破碎。如遇连绵阴雨天气，必须及时采收后进行

干制。

10. 黑木耳采收时要注意什么?

黑木耳采收时应尽量保证完整，避免造成破损。如有破损或表皮破裂流水出现，不仅会造成减产，而且干燥后品质差。通常采收时用小刀沿菌实体边缘插入耳根，割下耳片，并挖出耳根。

11. 用于干制的香菇什么时候采收?

准备干制加工的香菇采收由生产季节定，一般在香菇色泽鲜艳、香味浓、菌盖厚、肉质软韧时采收。花菇（冬菇）在开伞5~6分，菌膜部分破裂时采收；厚菇（香菇）在开伞6~7分，菌膜破裂时采收；薄菇（香信）在开伞7~8分，菌盖边缘仍稍内卷时采收。鲜香菇干制加工过程中开伞程度将增加约1分，可以适当提早采收获得较好加工效果，尤其在香菇生产旺季应当提早采收。

12. 香菇采收时要注意什么?

香菇采收前2~3天停止喷水，防止干制时菌褶变黑。最好在晴天早晚气温低时采收。采收要坚持先熟先采的原则，注意不要损伤菌盖、菌褶，不让菇脚残留在菌筒上霉烂。采完的鲜菇要小心轻放入盛放用的竹篮或竹筐，下衬塑料或纱布，保持香菇的完整，防止互相挤压碰撞发生损坏。

13. 果品干制前的运输需注意什么?

采收后的新鲜的果实运输过程中应放在内壁铺有柔软内衬的果篮或果筐里，必须全程做好保护措施，防止挤压、碰撞等造成损伤。

14. 果品大小和外形对干制有什么影响?

不同品种或同一果品的重量通常差别较大，一般单果重较大的果品较难干制，所需时间长，单果重较小的果品比较容易干制，所需时间短。单果重量相近的果品，如形状不同也对干制有较大影响。相比而言，比表面积较大的果实比较容易干制，如与卵圆形、长圆形比较面积相对较大的果实相比，形状呈圆形且越接近球体的杏由于比表面积相对较小，一般干制时间偏长，较难烘干。

15. 果品含糖量对干制有什么影响?

含糖量低的果品干制后较酸，口感不好。含糖量高的果品在干制后一般口感较佳，但干制过程中糖份容易析出，不仅影响果品的色泽，而且容易使成品发黏，严重影响品质。如红枣含糖量高，一般为40%左右，干制温度愈高，枣果色泽会愈深，当干制温度超过75℃时，成品枣果皮会呈暗红色，果肉呈褐色，食之有焦糊味。

16. 果品固形物含量对干制有什么影响?

一般果品品种的固形物含量越高，干制后的干品率越高，并且干品肉质较为厚实紧韧，口感较好。如固形物含量大于18%的杏制干效果较好。

17. 果品中挥发性芳香物质对干制有什么影响?

果品中如富含挥发性芳香物质，适宜干制工艺条件下的温湿度能促进芳香物质发生变化，形成较佳口感。如红枣中含有多种挥发性芳香物质，经过干制加工后，干品比采摘后的鲜枣含有更多的挥发性芳香物质。

18. 果品表面含有蜡制层对干制有什么影响?

果品表面如覆盖有蜡质层，在干制过程中会严重阻碍果实内部的水分向外蒸发，不仅延长干燥时间，而且干制过程中容易出现干果肿胀的泡果现象。

19. 干制前如何处理果品表面的蜡制层?

果品表面如含有蜡制层，需要根据果品的种类采用脱蜡剂进行预处理后再干制。如枸杞热风干燥前需要经过1%～2%的食用纯碱溶液或脱蜡剂进行预处理，一般浸泡处理约15～20秒后取出，静置10～15分钟后再进行干制。

20. 果蔬干制要进行哪些前处理?

果蔬收获后，应对果蔬原料进行整理与挑选、原料分级、原料清洗、去皮切分去核去蒂、漂烫（杀青）、护色等前处理。

21. 果品干制前为什么要进行拣选分级?

干制前的拣选可以除去有明显损伤、虫蛀或不成熟果品，同时清除不慎混入的叶梗、灰尘等杂物，以保证干制后成品的质量。干制前的分级可使每批烘干原料尽量做到果实大小基本一致，成熟度基本一致，保证干制效果。

22. 什么是果蔬漂烫（杀青）?

漂烫是将经过清洗、切分或其他预处理的新鲜果蔬原料放入沸水或蒸汽中进行短时间处理的过程。漂烫可以钝化新鲜果蔬中酶的活性，改善干制后的色泽；可软化或改进组织结构；除去果蔬辛辣等不良气味；降低果蔬中污染物和微生物的数量。例如：豇豆、胡萝卜片等干制加工前常进行漂烫处理，茶叶烘干前一般需要进行杀青处理（图3－2）。

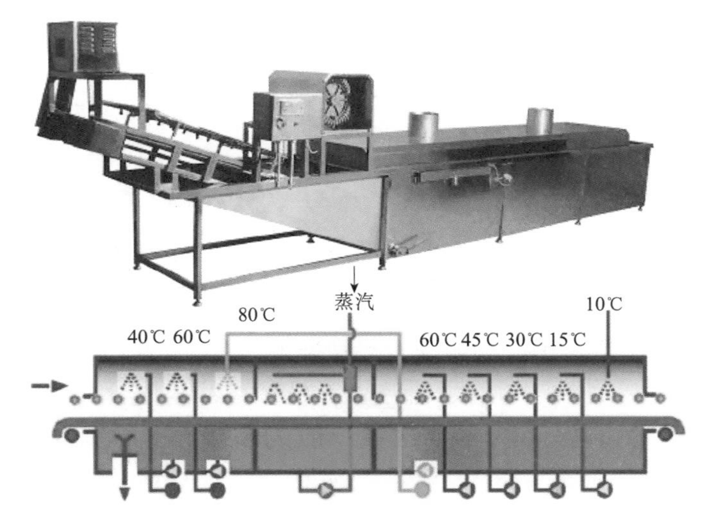

图3－2 漂烫设备及其工作原理

23. 什么是果蔬护色?

果蔬原料在干制加工前，切分、破碎等处理或接触空气、高温等，都可能引起酶促褐变或非酶褐变等化学反应进而生成有色物质，防止果蔬干制加工过程中有色物质产生的过程被称为护色。

（1）防止酶促褐变的护色方法。使用含单宁、酪氨酸少的原料；控制氧气的供给；采用热烫、溶液浸泡等钝化酶的方法。

（2）防止非酶褐变的护色方法。选用氨基酸和还原糖含量少的原料；热水漂烫处理；保持酸性条件，促使糖分分解，抑制有色物

质形成等。

24. 烘干前果品装盘时要注意什么?

装盘时将果品平铺在烘盘上，要注意装料厚度，一般以看不见烘盘底部为宜，如烘干杏，一般平铺一层。装料时每盘果品原料的大小做到基本一致。

25. 烘盘装车时应注意什么?

烘盘装车时应注意保持水平，若遇阻碍应及时修正，不可硬装。烘房内应装适量烘车，若物料量不足以装满烘房内全部烘盘时，应从下往上同样间隔放置烘盘、并保持烘车装盘数量基本一致。烘车推入烘房时，应避免大幅振动，平稳推入。

26. 干制后果品的水分含量一般为多少?

不同果品对干制后水分含量的要求不一样，如新疆维吾尔自治区的地方标准对杏干含水量的要求是不高于20%，国家标准对枸杞干果含水量的要求是不高于13%。用户可以根据果品的不同用途、市场情况或储藏条件确定干制后果品的最终水分。

二、干制果蔬等级规格

1. 干制后果蔬如何分拣分级?

果蔬烘干后从烘干室推出小车，在室内冷却至室温后分拣分级。

可将干制后果蔬置于洁净的分拣台上按外观形状、色泽等进行分拣分级，除去杂质。如有成品水分未达到要求的，需再次进行干制或阴干。

2. 干制枸杞有哪些等级规格？

干制后的枸杞一般分为特优、特级、甲级和乙级 4 个等级规格。

（1）特优。类纺锤形略扁稍皱缩；不得检出杂质；果皮鲜红、紫红色或枣红色；具有枸杞应有的滋味、气味；不完善粒（%）W/W≤1.0；不允许有无使用价值颗粒；粒度/（粒/50 克）≤280；水分（%）≤13.0；百粒重（克/100 粒）≥17.8。

（2）特级。类纺锤形略扁稍皱缩；杂质不得检出；果皮鲜红、紫红色或枣红色；具有枸杞应有的滋味、气味；不完善粒（%）W/W≤1.5；不允许有无使用价值颗粒；粒度/（粒/50 克）≤370；水分（%）≤13.0；百粒重（克/100 粒）≥13.5。

（3）甲级。类纺锤形略扁稍皱缩；杂质不得检出；果皮鲜红、紫红色或枣红色；具有枸杞应有的滋味、气味；不完善粒（%）W/W≤3.0；不允许有无使用价值颗粒；粒度/（粒/50 克）≤580；水分（%）≤13.0；百粒重（克/100 粒）≥8.6。

（4）乙级。类纺锤形略扁稍皱缩；不得检出杂质；果皮鲜红、紫红色或枣红色；具有枸杞应有的滋味、气味；不完善粒（%）W/W≤3.0；不允许有无使用价值颗粒；粒度/（粒/50 克）≤900；水分（%）≤13.0；百粒重（克/100 粒）≥5.6。

3. 干制红枣有哪些等级规格？

干制后的红枣分为特等、一等、二等和三等 4 个规格。

（1）特等。果形饱满，具有本品种应有的特征，果大均匀；肉质肥厚，具有大红枣应有的色泽，身干，手握不黏手，总糖含量≥75%；杂质（%）W/W≤0.5；无霉变、浆头、不熟果和病虫果，允许油头果、破头果两项不超过3%；容许度/（粒/50克）≤5；水分（%）≤28；总不合格果百分率（%）≤3。

（2）一等。果形饱满，具有本品种应有的特征，果实大小均匀；肉质较肥厚，具有大红枣应有的色泽，身干，手握不黏手，总糖含量≥70%；杂质（%）W/W≤0.5；无霉变、浆头果、不熟果和病虫果，允许病虫果、破头果、油头果三项不超过5%；容许度/（粒/50克）≤5；水分（%）≤28；总不合格果百分率（%）≤5。

（3）二等。果形良好，具有本品种应有的特征，果实大小均匀；肉质肥瘦不均，允许有10%的果实色泽稍浅，身干，手握不黏手，总糖含量≥65%；杂质（%）W/W≤0.5；无霉变、浆头果。允许病虫果、破头果、油头果和干条四项不超过10%（其中病虫果不得超过5%）；容许度/（粒/50克）≤10；水分（%）≤28；总不合格果百分率（%）≤10。

（4）三等。果形正常，果实大小较均匀；肉质肥瘦不均，允许有10%的果实色泽稍浅，身干，手握不黏手，总糖含量≥60%；杂质（%）W/W≤0.5；无霉变果，允许浆头果、病虫果、破头果、油头果和干条五项不超过15%（其中，病虫果不得超过5%）；容许度/（粒/50克）≤15；水分（%）≤28；总不合格果百分率（%）≤15。

4. 干制杏干有哪些等级规格？

干制后的杏一般分为一等、二等和三等3个规格。

一等。形状均匀，具有品种固有特征，果面整洁；鲜红或紫红色，油亮光洁；各类杂质总量不超过0.5%，不允许有有害杂质；水分16%～18%。

二等。形状均匀，果面洁净；鲜红或紫红色，有光泽；各类杂质总量不超过1%，不允许有有害杂质，水分16%～18%。

三等。形状有差异，完整；红色或紫红色；各类杂质总量不超过2%，不允许有有害杂质，水分16%～18%。

5. 干制核桃有哪些等级规格？

干制后的核桃一般分为特级、Ⅰ级、Ⅱ级和Ⅲ级4个等级规格。基本要求是坚果充分成熟，壳面洁净，缝合线紧密，无漏仁、虫蛀、出油、霉变、异味等果。无杂质，未经有害化学漂白处理。

（1）特级。果形大小均匀，形状一致，外壳自然黄白色，种仁饱满，色黄白，涩味淡。横径≥30毫米，平均果重≥12克，易取整仁，出仁率≥53%，空壳果率≤1.0%，破损果率≤0.1%，黑斑果率为零，含水率≤8.0%，脂肪含量≥65%，蛋白质含量≥14%。

（2）Ⅰ级。果形基本一致，外壳自然黄白色，种仁饱满，色黄白，涩味淡。横径≥30毫米，平均果重≥12g，易取整仁，出仁率≥48%，空壳果率≤2.0%，破损果率≤0.1%，黑斑果率≤0.1%，含水率≤8.0%，脂肪含量≥65%，蛋白质含量≥14%。

（3）Ⅱ级。果形基本一致，外壳自然黄白色，种仁饱满，色黄白，涩味淡。横径≥28毫米，平均果重≥10克，易取整仁，出仁率≥43%，空壳果率≤2.0%，破损果率≤0.2%，黑斑果率≤0.2%，含水率≤8.0%，脂肪含量≥60%，蛋白质含量≥12%。

（4）Ⅲ级。外壳自然黄白或黄褐色，种仁饱满，色黄白或浅琥珀色，稍淡。横径≥26毫米，平均果重≥8克，易取1/4仁，出仁

率≥38%，空壳果率≤3.0%，破损果率≤0.3%，黑斑果率≤0.3%，含水率≤8.0%，脂肪含量≥60%，蛋白质含量≥10%。

6. 干制后辣椒有哪些等级规格?

干制后的辣椒干一般分为一级、二级和三级3个等级规格。

（1）一级。辣椒干形状均匀，具有品种固有特征，果面整洁，色泽呈鲜红或紫红色，油亮光洁。长度不足2/3和破裂长度达椒身1/3以上的不得超过3%。不允许有黑斑椒和虫蛀椒，允许黄梢和以红色为主显浅红色暗斑且其面积在全果1/4以下的花壳椒，其总量不得超过2%，不允许有白壳和不熟椒，不完善椒总量≤5%，异品种≤1%，各类杂质总量不超过0.5%，不允许有有害杂质，水分≤14%。

（2）二级。辣椒干形状均匀，果面整洁，色泽呈鲜红或紫红色，有光泽。长度不足2/3和破裂长度达椒身1/3以上的不得超过5%。允许黑斑面积达0.5平方厘米的不得超过1%，允许椒身被虫蛀部分在1/10以下，而果内有虫尸或排泄物的不超过0.5%，允许黄梢和以红色为主显浅红色暗斑且其面积在全果1/3以下的花壳椒，其总量不得超过4%，不允许有白壳，不熟椒≤0.5%，不完善椒总量≤8%，异品种≤2%，各类杂质总量不超过1%，不允许有有害杂质，水分≤14%。

（3）三级。辣椒干形状有差异，完整，色泽呈红色或紫红色。长度不足1/2和破裂长度达椒身1/2以上的不得超过7%。允许黑斑面积达0.5平方厘米的不得超过2%，允许椒身被虫蛀部分在1/10以下和果内有虫尸或排泄物的不超过1%，允许黄梢和以红色为主显浅红色暗斑且其面积在全果1/2以下的花壳椒，其总量不得超过

6%，不允许有白壳，不熟椒≤1%，不完善椒总量≤12%，异品种≤4%，各类杂质总量不超过2%，不允许有有害杂质，水分≤14%。

7. 干制后黑木耳有哪些等级规格？

干制后的黑木耳一般分为一级、二级和三级3个等级规格。

（1）一级。黑木耳正面黑褐色，有光泽，耳背面暗灰色。耳片完整，不能通过直径3厘米的筛眼，耳片厚度≥1毫米，杂质≤0.3%，无拳耳、薄耳、流失耳、虫蛀耳和霉烂耳，具有黑木耳特有的气味，无异味，干湿比≥1:13，水分≤14%。

（2）二级。黑木耳正面黑褐色，耳背面暗灰色。耳片基本完整，不能通过直径2厘米的筛眼，耳片厚度≥0.7毫米，杂质≤0.5%，无拳耳、薄耳、流失耳、虫蛀耳和霉烂耳，具有黑木耳特有的气味，无异味，干湿比≥1:12，水分≤14%。

（3）三级。黑木耳多为黑褐色至浅棕色。耳片小或成碎片，不能通过直径1厘米的筛眼，杂质≤1%，拳耳≤1%，薄耳≤0.5%，无流失耳、虫蛀耳和霉烂耳，具有黑木耳特有的气味，无异味，干湿比≥1:12，水分≤14%。

8. 干制后香菇有哪些等级规格？

干制后的香菇分为干花菇、干厚菇和干薄菇。其中，干厚菇一般分为特级、一级和二级3个等级规格。

（1）特级。干厚菇菌盖淡褐色至褐色，或黑褐色。形状呈扁半球形稍平展或伞形，菇形规整，菌褶淡黄色，菌盖厚度>0.8厘米，开伞度<6分，无虫蛀菇、残缺菇和碎体菇。

（2）一级。干厚菇菌盖淡褐色至褐色，或黑褐色。形状呈扁半球形稍平展或伞形，菇形规整，菌褶黄色，菌盖厚度 >0.5 厘米，开伞度 <7 分，虫蛀菇、残缺菇和碎体菇 <2.0%。

（3）二级。干厚菇菌盖淡褐色至褐色，或黑褐色。形状呈扁半球形稍平展或伞形，菌褶暗黄色，菌盖厚度 >0.3 厘米，开伞度 <8 分，虫蛀菇、残缺菇和碎体菇的量为 2.0% ~5.0%。

9. 干制果品的包装有什么要求？

经过分拣分级后的果品，按不同级别分开放置包装。真空包装或常规包装均可，包装材料应坚固洁净、干燥防湿、无破损、无异味、无毒、无害，不会损害干制后果品的色泽及其他特征。

10. 干制果品的贮存有什么要求？

置于通风良好、阴凉干燥、清洁卫生、有防潮设备及防霉变、防虫蛀和防鼠设施的库房贮存。不得与有毒、有害、有异味和易于传播霉菌、虫害的物品混合存放。

第四篇

案 例 篇

一、普通烘房烘干红枣

1. 红枣主要有哪些品种?

我国红枣占世界总产量的98%，分布广泛，尤以山西省、陕西省、宁夏回族自治区、河北省和新疆维吾尔自治区为盛。

红枣的种类按大小可分为大枣、小枣；按产区可分为南枣和北枣；按干湿可分为鲜食枣和干食枣。

一般红枣是以产地和果型来进行综合分类的，品种很多，包括金丝枣、冬枣（图4－1a)、梨枣、灰枣、鸡心枣、板枣、骏枣（图4－1b)、赞黄大枣、灵宝枣和临泽小枣等。

a.冬枣

b.骏枣

图 4-1　不同品种红枣

2. 新鲜红枣至半干的工艺流程是什么?

普通烘房烘干新鲜红枣至半干工艺流程:

原料采收→拣选分级→装盘装车→普通烘房烘干→检验→半干红枣出料→入库冷藏。

3. 普通烘房将新鲜红枣烘至半干的工艺参数是什么?

普通烘房点火开始干制,待烘房内升温至40℃后不用再添煤,继续升温。点火10小时后,烘房内温度可以升到48～50℃。湿气大时房体上方的排湿口排出湿气,同时打开门两侧的进气口进冷风,根据烘房内湿气量进行排湿。如果烘房内湿气量经目测明显,仪器显示湿度为60%～70%时,应打开排湿口和进冷风口,排湿15分钟左右,后关闭排湿口和进冷风口,之后再根据烘房内湿度进行排湿作业,直至烘至红枣水分达28%～35%为止,如图4-2所示。

图 4 -2　红枣干

4. 如何判断红枣烘至半干?

新鲜红枣烘干大概 24 小时左右后，可取枣子出来检验。用手掰开红枣，用手挤枣肉，如枣核与一半枣肉分离，并黏在另一半枣肉上，即可停止烘干。

5. 新鲜红枣干制后的品质有哪些变化?

干制所得红枣干如图 4 -2 所示，红枣干制后的品质变化有以下 4 方面。

（1）果胶含量均呈下降趋势。

（2）还原糖的含量呈下降趋势。

（3）总糖量含量在干制之后呈下降趋势。

（4）总酸含量有所下降。

二、热风烘房烘干鲜杏

1. 鲜杏主要有哪些品种?

杏属于仁果类水果，广泛分布在我国，西北、华北、华南及东北地区的广大山区，黄土高原、戈壁、沙漠也均有分布，其栽培种植主要分布于秦岭、淮河以北的黑龙江省、吉林省、内蒙古自治区、辽宁省、河北省、河南省、山东省、山西省、北京市、天津市、陕西省、甘肃省、青海省、宁夏回族自治区和新疆维吾尔自治区等地。我国有杏品种资源约 800 余个，主栽品种 30 余个，包括小白杏（图 4－3a）、明星杏（图 4－3b）、黑叶杏等，主要可分为肉用型、仁用型和兼用型三大类。

a. 小白杏

b. 明星杏

图 4－3　鲜杏

2. 鲜杏烘干的工艺流程是怎样的?

热风烘房烘干鲜杏的工艺流程：

采收后鲜杏→运输和暂存→装料和分选→装车→烘干→分拣分级→包装。

3. 热风烘房烘干鲜杏的工艺参数是怎样的?

以热风烘房烘干新疆和田市皮山县不切分的整黑叶杏工艺为例，干制工艺如表 4－1 所示，烘干后的拣选如图 4－4 所示。

表 4－1　热风烘房烘干鲜杏的参考工艺

干制阶段		干球温度（℃）	湿度控制	目标任务	参考时间（小时）	备注
升温段		室温至 45			0. 5	
干燥段	一阶段	45	排湿量大，全力排湿	表皮失水发软	8	为了保温节能，设定湿度 40% 以上间隔排湿，按 40% 湿度设定相应干球温度下的湿球温度
	二阶段	50	40% 以上间隔排湿	表皮发干皱缩	18	
	三阶段	55	40% 以上间隔排湿	果肉皱缩，定色	30	
	四阶段	60	40% 以上间隔排湿	果肉皱缩，定色	6	
	五阶段	55	40% 以上间隔排湿	内外全干	8～12	

注：本工艺以特定烘房特定品种、大小、成熟度的杏为例，仅供参考，用户可在生产中进一步摸索优化

图 4－4　人工挑选

4. 鲜杏干制中的品质有哪些变化?

鲜杏干制后，由于水分含量降低，果实体积缩小，杏的颜色也开始变暗，红色度先加深又下降，黄色度加深，如图 4－5 所示，色泽随着干燥时间和干燥温度的上升而下降，并逐渐趋于稳定。

图 4－5　杏干

三、热风烘房烘干辣椒

1. 辣椒主要有哪些品种?

辣椒隶属于茄科辣椒属，我国是世界上最大的辣椒生产国和主要消费国，辣椒种植面积较大的省份有江西省、贵州省、湖南省、河南省、四川省、河北省、新疆维吾尔自治区、陕西省和湖北省等。辣椒种类很多，主要包括樱桃类辣椒、圆锥椒类、簇生椒类、长椒类、甜柿椒类等，主要可用于鲜食、干制或加工，适于干制的辣椒主要有线椒（图 4－6a）、朝天椒（图 4－6b）和山樱椒等。

a. 线椒

b. 朝天椒

图 4－6　不同的辣椒

2. 影响辣椒干制的主要因素有哪些?

不同品种辣椒的干燥特性差异较大，影响干燥特性的因素主要有单个辣椒重量、形状、表皮蜡质层及表皮层厚度。

不同品种辣椒的单果重有明显差别，如天鹰椒、红太阳等小辣椒，一般只有3~5厘米，平均单果重不到2克，而羊角椒、线椒等品种体型较长，一般超过10厘米，平均单果重约5克左右。单果重较大的辣椒干制时间长。

单果重相近的品种，不同形状辣椒的干燥情况有差异，与圆形或长圆形的樱桃类辣椒相比，形状呈线状的辣椒由于比表面积相对较大，一般干燥过程平均干燥速率较高，干制时间偏短。

不同辣椒的蜡质层和表皮层厚度有差别。蜡质层和表皮层越厚，越难以烘干。在烘干果皮特别厚的品种时，建议将辣椒切开或者切断后再烘干，以免烘出内部水分无法排出的软辣椒干。

3. 辣椒烘干的工艺流程是怎样的?

热风烘房烘干辣椒的工艺流程:

采后新鲜辣椒→运输和暂存→拣选分级→装盘→装车→烘干→分拣分级→包装→贮藏。

4. 热风烘房烘干辣椒的工艺参数是怎样的?

以热风烘房烘干陕西省宝鸡市陇县的线椒工艺为例，干制工艺如表4－2所示。

表 4－2　热风烘房烘干辣椒的参考工艺

干制阶段		干球温度（℃）	湿度控制	目标任务	参考时间（小时）	备注
升温段		室温至 46			0.5	为了保温节能，设定湿度 40% 以上间隔排湿，按 40% 湿度设定相应干制温度下的湿球温度
干燥段	一阶段	46	排湿量大，全力排湿	表皮失水发软	3	
	二阶段	52	40% 以上间隔排湿	表皮变薄皱缩	4	
	三阶段	58	40% 以上间隔排湿	表皮变薄皱缩	7	
	四阶段	63	40% 以上间隔排湿	表皮变薄皱缩	6	
	五阶段	65	40% 以上间隔排湿	内外全干	6～8	

注：本工艺以特定烘房特定品种、大小、成熟度的线椒为例，仅供参考，用户可在生产中进一步摸索优化

5. 辣椒干制后的品质有哪些变化？

干制后的辣椒干如图 4－7 所示。辣椒烘干后的品质变化主要有：随着干制时间和温度的升高，辣椒红色素有损失，温度愈高时间越久，辣椒红素损失愈多，辣椒碱的含量也在不断减少，干制温度越高维生素 C 损失也越大，干制后蛋白质的损失也较大。

图 4－7　辣椒干

四、多功能烘干窑烘干枸杞

1. 枸杞主要有哪些品种?

枸杞属茄科枸杞属，为多棘刺落叶小灌木。枸杞原产我国北方，宁夏回族自治区、甘肃省、新疆维吾尔自治区、青海省等省和自治区都有野生资源，而中心分布区域是在甘肃河西走廊、青海柴达木盆地以及青海至山西省的黄河沿岸地带，常生于土层深厚的沟岸、山坡、田埂和宅旁，如图 4－8 所示。我国主要的枸杞品种为中华枸杞和宁夏枸杞，目前全国枸杞种植面积约 10 万公顷，干果产量约 20 万吨，宁夏枸杞种植面积约 5.3 万公顷，干果产量约 11 万吨，占全国产量的 50% 以上。

图 4－8　鲜枸杞

2. 用于干制的枸杞什么时候采收?

枸杞果实在成熟期可分为成熟初期和成熟后期。成熟初期的枸

杞色泽鲜红，果皮明亮，富有弹性；成熟后期的枸杞果蒂松软，果梗较易从着生点处摘下，种皮骨质化明显。成熟初期的枸杞果实更适宜干制。

3. 枸杞烘干的工艺流程是怎样的？

利用多功能烘干窑烘干枸杞的流程：

采后新鲜枸杞→拣选→清洗→（预处理）→装盘、装车→烘干→出车、晾凉→分拣分级→包装→贮藏。

循环作业

4. 多功能烘干窑烘干枸杞的工艺参数是怎样的？

当干制室装满物料后，按照干制工艺在控制仪内设定好参数，干制中可根据实际情况对设置参数进行灵活调整，完成设定后即可生火开始干制。一批次后可开始连续作业。在宁夏烘干枸杞的生产试验中取得的多功能烘干窑工艺参数如表4－3所示。

表4－3　多功能烘干窑枸杞烘干工艺参数

进口处热风温度（℃）	热风温度设定 干球温度（℃）	阶段时间（小时）
≤65	65	20*
持续循环，烘干一车推出一车，再推入一车鲜果		
正常生产中，多功能烘干窑进口处的热风温度不超过65℃ ＊干燥时间可根据具体情况进行调整		

注：本工艺仅供参考，用户可在生产中进一步摸索优化

5. 枸杞干制后的品质有哪些变化？

枸杞干制后，由于水分蒸发果实收缩变小，品质变硬，色泽亮度减小，多糖、总糖、氨基酸等含量有不同程度的损失，如图4－9所示。

图 4-9　枸杞干果

五、多功能烘干窑烘干香菇

1. 香菇主要有哪些品种?

香菇亦称香蕈、椎耳（日本称谓）、香信、冬菰、厚菇或冬菇，属于担子菌纲，伞菌目，小皮伞科-侧耳科-口蘑科，香菇属。我国是世界上香菇生产的第一大国，香菇种植主要分布于河南省、福建省、辽宁省、湖北省和浙江省等地区。品种很丰富，有二十几个，包括普通香菇、花菇、大怀香菇、细鳞香菇和冬菇等，如图 4-10 所示。根据香菇生长周期分为早熟、晚熟品种，根据生长环境可分为高温型、中温型和低温型 3 种类型。

图 4－10　鲜香菇

2. 影响香菇干制的主要因素有哪些?

影响香菇干燥特性的因素主要有单菌重，菌盖直径和菌盖形状。

大小相同情况下单个香菇的重量有明显差别，单菌重较大的香菇干制时间长。

香菇菌盖大小很不均匀，直径从 3～20 厘米不等，较小香菇小于 5 厘米，中型香菇为 5～7 厘米，大香菇直径大于 7 厘米。对于菌盖直径较大的香菇，一般将其切分为香菇丝再进行干制。中型香菇将菇盖和菇柄分离后进行烘干。香菇豆的菌盖直径较小，约在 2 厘米以下，菇盖和菇柄难于分离，一般直接烘干。

生长期管理较好的香菇成熟后菇形呈扁半球形伞形，菌盖厚度≥1.2 厘米，菌边略弯，制成干菇后菇形规整、肉质好。

3. 香菇烘干的工艺流程是怎样的?

利用多功能烘干窑烘干采收后香菇的流程：

鲜香菇→分级→剪柄→(切丝)→装盘、装车→烘干→出车、晾凉→干品分拣分级→包装→贮藏。

循环作业

4. 多功能烘干窑烘干香菇的工艺参数是怎样的？

在烘干香菇的生产试验中取得的多功能烘干窑工艺参数如表4－4所示。

表4－4 多功能烘干窑香菇烘干工艺参数

烘干物料	进口处热风温度（℃）	热风温度设定 干球温度（℃）	阶段时间（小时）
香菇丝	≤67	65	12*
香菇	≤65	65	18*
香菇丁	≤70	65	16*
持续循环，烘干一车推出一车，再推入一车 * 干燥时间可根据具体情况进行调整			

注：本工艺仅供参考，用户可在生产中进一步探索优化

5. 香菇干制后的品质有哪些变化？

香菇干品如图4－11所示。干制对香菇灰分含量的影响不大，灰分含量在7%左右，粗脂肪损失比较明显，蛋白质、干物质以及糖类损失比较大，粗纤维的含量保持在5%～9%，香菇维生素C和β－胡萝卜素的含量损失较大。

图4－11 香菇干品

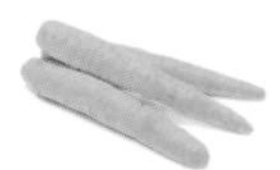

参考文献
REFERENCES

[1] 孙术国，杨文雄，李佑稷，等．干制果蔬生产技术［M］．北京：化学工业出版社，2009.

[2] 李耀维．果品蔬菜干燥设备［M］．北京：中国社会科学出版社，2006.

[3] 于才渊，王宝和，王喜忠．干燥装置设计手册［M］．北京：化学工业出版社，2005.

[4] 刘广文．干燥设备设计手册［M］．北京：机械工业出版社，2009.

[5] 郑先哲．农产品干燥理论与技术［M］．北京：中国轻工业出版社，2009.

[6] 董全，黄艾祥．食品干燥加工技术［M］．北京：化学工业出版社，2007.

[7] 杨同舟．食品工程原理［M］．北京：中国农业出版社，2008.

[8] 谢奇珍，沈瑾，程岚．脱水蔬菜加工技术与设备［M］．银川：阳光出版社，2010.

[9] 曹崇文．农产品干燥机理、工艺与技术［M］．北京：中国农业出版社，1998.

[10] 于新，马永全，等．果蔬加工技术［M］．中国纺织出版社，2011.

［11］刘清．果蔬产地贮藏与干制［M］．北京：中国农业科学技术出版社，2014.

［12］于孟杰，张学军，牟国良，等．我国热风干燥技术的应用研究进展［J］．农业科技与装备，2013（8）：14－16.

［13］弋小康，吴文富，崔何磊，等．红枣热风干燥特性的单因素试验研究［J］．农机化研究，2012（10）：148－151.

［14］狄建兵，王愈，张培宜，等［J］．不同干燥方法对红枣品质的影响．农产品加工，2012（1）：70－72.

［15］董周永，任辉，周亚军，等．黑木耳干燥特性［J］．吉林大学学报（工学版），2011（3）：349－353.

［16］贾清华，赵士杰，柴京富等．枸杞热风干燥特性及数学模型［J］．农机化研究，2010（6）：153－157.

［17］王海霞．辣椒热风干燥特性研究［D］．重庆：西南大学博士论文，2006.

［18］肉孜・阿木提，李峰，高泽斌．新疆小白杏的太阳能干燥试验研究．农机化研究，2011（7）：154－156.

［19］赵晓梅，叶凯，张谦．我国杏贮运保鲜的现状及发展对策［J］．安徽农业科学，2010，38（25）：32.

［20］涂宝军，陈尚龙，马庆昱，等．3 种干燥方式对香菇挥发性成分的影响［J］．食品科学，2014（35）：106－110.

［21］李笑光．我国农产品干燥加工技术现状及发展趋势［J］．农业工程技术・农产品加工业，2014（2）：16－20.